BEI GRIN MACHT SICH IHR WISSEN BEZAHLT

- Wir veröffentlichen Ihre Hausarbeit, Bachelor- und Masterarbeit

- Ihr eigenes eBook und Buch - weltweit in allen wichtigen Shops

- Verdienen Sie an jedem Verkauf

Jetzt bei www.GRIN.com hochladen und kostenlos publizieren

Meike Herbers

Protokollanalyse bei DVB-T

GRIN Verlag

Bibliografische Information der Deutschen Nationalbibliothek:

Die Deutsche Bibliothek verzeichnet diese Publikation in der Deutschen National-
bibliografie; detaillierte bibliografische Daten sind im Internet über http://dnb.d-
nb.de/ abrufbar.

Impressum:

Copyright © 2007 GRIN Verlag GmbH
Druck und Bindung: Books on Demand GmbH, Norderstedt Germany
ISBN: 978-3-656-24661-9

Universität

Berufsbildungsinstitut
Arbeit und Technik

Projektarbeit

Protokollanalyse bei DVB-T

Inhalt

Abbildungsverzeichnis

Tabellenverzeichnis

1 Einleitung und Aufgabenstellung

Das erste regelmäßige Fernsehprogramm strahlte ein Berliner Sender 1935 aus. Auf der Funkausstellung 1932 wurde der dazugehörige erste Fernseher mit Bildröhre und einer Technik, die der heutigen gleicht, von Dénes von Mihály präsentiert. Durch den Krieg kam es zu einer Sendepause, da die Sender zerstört wurden. Erst 1950 wurde durch die Gründung der Arbeitsgemeinschaft der Rundfunkanstalten wieder ein Fernsehprogramm ausgestrahlt. Als nächste Stufe in der Geschichte des Fernsehens ist die Entwicklung des Farbfernsehers zu nennen. 1961 stellte Walter Bruch das Phase Alternation Line (PAL) vor und damit die Möglichkeit Farbe in das Fernsehbild zu bringen. Bis 1984 wurde in Deutschland das Fernsehprogramm stets terrestrisch oder über Satellit übertragen. Nun aber wurde nach und nach die Übertragung über ein Kabelnetz immer populärer. Die terrestrische und die Satellitenübertragung bleiben weiter erhalten. [NTV Knowledge]

Inzwischen steht Deutschland vor dem nächsten technischen Umschwung in Bezug auf das Fernsehen. Sämtliche Übertragungswege (Kabel, Satellit und Antenne) sollen digitalisiert werden. Laut Beschluss des Bundeskabinetts vom 24.08.1998 soll die klassische analoge terrestrische Übertragung von Fernsehprogrammen in Deutschland durch die digitale terrestrische abgelöst werden. Dafür wurde ein Zeitrahmen bis spätestens 2010 gesetzt.

Ende 2005 waren ca. 65% aller Haushalte in Deutschland mit digitalen terrestrischen TV-Programmen versorgt. Im Jahre 2007 ist die Umstellung in einigen Bereichen Deutschlands weit fortgeschritten und wird immer weiter ausgebaut. In den meisten Gebieten sind die öffentlich rechtlichen Programme zu empfangen und in wenigen Inseln ist dazu auch der Empfang von privaten Sendern möglich. Bis Ende 2008 sollen bereits 90 % der Bevölkerung über einen digitalen terrestrischen Empfang der öffentlich rechtlichen Programme verfügen können.

Als Ziele dieser Umstellung sind die „Verbreitung einer größeren Anzahl von Programmen als bisher bei der analogen Übertragung", Erweiterung des Empfangs um „attraktive Angebote multimedialer Art" und die „Möglichkeit zur Regionalisierung der Programmangebote". [Bundesministerium, 2005]

Für die Übertragung von digitalen Fernseh-, Radio- und Datensignalen über Antenne wird die DVB-T (Digital Video Broadcast – Terrestrial) Technik genutzt. Der DVB-T Standard wurde zusammen mit einer Reihe weiterer DVB-Standards vom ETSI[1]

---

[1] ETSI - European Telecommunications Standards Institute, www.etsi.org

erlassen. Mit Hilfe der DVB-Technik soll als neueste Möglichkeit das Fernsehen mobil werden.

Bei diesem Projekt wird anhand von zwei Software-Tools eine Protokollanalyse des DVB-T Datenstroms durchgeführt. Dabei werden die erhaltenen Ergebnisse mit den gültigen Standard verglichen. Des Weiteren soll die Dynamik der Bandbreite der einzelnen Programme eines Bouquets untersucht werden. Werden unterschiedliche Sendungen mit unterschiedlichen Bandbreiten ausgestrahlt? Eine weitere interessante Frage ist, wie sich das Bouquet vom NDR während der Regionalprogramme verändert. Diese Fragen werde ich im Zuge der verschiedenen Messungen im Kapitel 4.2 untersuchen.

2 Technik DVB-T

Die DVB-T Technik dient zur Übertragung von digitalen Fernseh-, Radio- und Datensignalen über Antenne. Ein Empfang ist so für jedermann mit Haus- oder Zimmerantenne möglich. Die Fernsehprogramme werden dafür in MPEG-2 kodiert (Quellenkodierung) und mit einem MPEG-Datenstrom (Kanalkodierung) vom Playout-Center zu den Haushalten übertragen. Dabei ist die Modulierung des Signals (Leitungskodierung) je nach Übertragungsart unterschiedlich. DVB-T nutzt QAM (Quadrature Amplitude Modulation) zusammen mit COFDM (Coded Orthogonal Frequency Division Multiplex), um die Signale zu modellieren und zu kodieren.
Die Funktion der Quellenkodierung soll in dieser Ausarbeitung nicht berücksichtigt werden, da sie sehr umfangreich ist. Im Folgenden wird die Kanalkodierung ausführlich und die Leitungskodierung kurz zur Wiederholung erläutert. Sie wurde bereits in anderen Projekten (MSR 33) erklärt und dargestellt.

2.1 Übertragung von MPEG-Datenströmen (Kanalkodierung)

Da die Übertragung von MPEG-kodierten Daten hier im Multicast, also im ständigen Fluss, geschieht, werden die Daten als Datenströme bezeichnet. Wie dieser Datenstrom zu behandeln ist, wird in der *MPEG-2 Part 1: Systems Spezifikation* [ISO/IEC 13818-1, 1996] definiert. In dieser Spezifikation werden Vorgaben gemacht, nach dem die Datenströme, die aus dem Quellen-Coder kommen, „verpackt" werden, um die Rekonstruktion nach dem Empfang einfacher zu machen. Die „Verpackung" der Daten erfordert, dass die kodierten Daten nicht als kontinuierlicher Strom gesendet,

sondern in Pakete aufgeteilt werden. Zum einen wird mit der Paketbildung eine Vorraussetzung für die Synchronisation geschaffen, in dem jedem Paket bestimmte pe-
riodisch wiederkehrende Strukturen zugeteilt werden. Zum anderen wird durch die
Paketbildung das Zusammenfügen mehrerer Datenströme, wie zum Beispiel Audio
und Video, zu einem neuen Datenstrom (Multiplex) möglich. Die Vorgehensweise für
die Bildung eines Multiplexes wird im Laufe des Kapitels deutlich und soll im letzten
Kapitel 2.1.3 genau erläutert werden.

Prinzipiell lassen sich zwei Arten von Datenströmen, die für verschiedene Anwendungen gedacht sind, laut der Spezifikation unterscheiden: Ein *Programmstrom*
(Program Stream, PS) ist für die Handhabung in quasi fehlerfreiem Umfeld gedacht,
wie es zum Beispiel bei der Speicherung digitaler Medien der Fall ist. Ein *Transportstrom* (Transport Stream, TS) ist für die Übertragung in Weitverkehrsnetzen entwickelt worden. Seine konstante Transportstrompaketlänge weist Vorteile bei der
Beseitigung von Übertragungsfehlern auf. Daher ist er für ein Umfeld geeignet, in
dem mit Übertragungsfehlern zu rechnen ist. Bevor jedoch ein *Programmstrom* oder
Transportstrom gebildet werden kann, muss der aus dem Quellencoder stammende
Bitstrom eine Vorstufe durchlaufen, in welcher der *paketierte Elementarstrom* (PES)
gebildet wird. [Riemann, Heft 9/1994]

Die Bildung des PES wird im nächsten Kapitel vorgestellt. Danach wird die Herstel-
lung eines *Transportstromes* dargestellt.

2.1.1 Paketierter Elementarstrom

Bei MPEG-2 wird der Bitstrom als Elementarstrom bezeichnet. Dieser Elementarstrom wird zunächst in einzelne Pakete aufgeteilt. Somit entsteht der *Paketierte Elementarstrom* (PES), der als Grundlage für alle MPEG-2-Transportströme genutzt
wird. In jedem PES befindet sich ein Bild von den 25 Bildern/Sekunde des Film-
materials. [JDSU, o.J.] Die Pakete dürfen eine variable Länge aufweisen und werden
immer von einem 6 Byte langen Header angeführt. Nach dem Header folgen Steuerinformationen (*Elementary Stream Specific Information*), denen noch maximal 256
Byte als Stopfdaten (*Padding*) folgen dürfen, um eine Ausrichtung der Paketlänge bei
variierender Länge der Steuerinformation zu gewährleisten. Zum Schluss folgt dann
die Nutzinformation (*Payload*) des Paketes. Das folgende Bild (Abb. 1) zeigt den
Aufbau eines PES-Paketes.

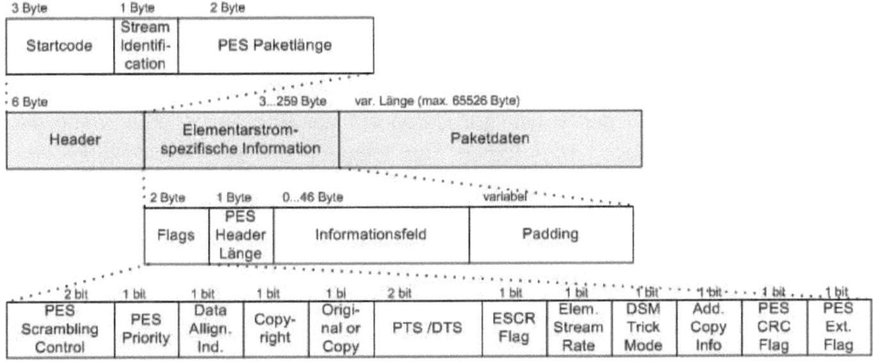

Abbildung 1: PES-Paket

Bei den Steuerinformationen am Anfang sind eine Reihe von Flags angesiedelt, deren Funktionen in dieser Arbeit nicht alle erklärt werden. Die Erklärung soll sich auf die Felder beschränken, die für das grundsätzliche Verständnis benötigt werden.

Der Header des PES-Paketes beginnt mit einem drei-Byte langem *Startcode*, auf den die *Stream Identification*, welche die Art der Nutzinformationen angibt, folgt. Das letzte Feld ist für die Angabe der *Paketlänge* angelegt worden. Da die Wortlänge 16 Bit beträgt, sind $2^{16} - 1 = 65535$ Bytes als Paketgesamtlänge möglich, von der zwischen 9 und 256 Byte auf den Header entfallen können. So bleibt eine maximale Länge von 65526 Byte für die Nutzdaten. Bei Videoströmen lässt MPEG allerdings eine Ausnahme zu: Wird in dem Feld für die Paketlänge Null eingetragen, geht man von einer unbestimmten Paketlänge aus. So wird die Hardwareimplementierung leichter, da Speicherplatz eingespart werden kann. Die einzelnen PES-Pakete müssen nicht zwischengespeichert werden. Als wichtiges Flag sei das PTS/DTS (*Presentation Time Stamp / Decoding Time Stamp*) erwähnt, das je eine Zeitmarke zur Darstellung eines Ereignisses sowie zur Decodierung für jeden einzelnen PES und damit für jedes einzelne Frame setzt. Diese beiden Zeitstempel spielen für die Synchronisation innerhalb eines *Programm- / Transportstromes* eine große Rolle. Als Erweiterung für PES-spezifische Informationen ist das *PES Extension Flag* vorhanden, das weitere Information ankündigt. Zu dieser Information gehört vor allem der *Paketzähler*, der von Paket zu Paket inkrementiert wird und so die Entdeckung von Übertragungsfehlern möglich macht.

Wie die PES-Pakete in die Transportströme verpackt werden, wird im folgenden Kapitel 2.1.2 gezeigt.

2.1.2 Transportstrom

Das Besondere am *Transportstrom* (TS) ist seine fest definierte Länge. Dies ge-schieht auf Grund der bereits erwähnten Anforderung der Robustheit gegenüber Übertragungsfehlern. Es gehen weniger Daten auf der Strecke verloren, wenn die Pakete eine fest definierte Länge haben. Das folgende Bild zeigt die Paketstruktur und die Einkapselung des PES-Paketes in den *Transportstrom*.

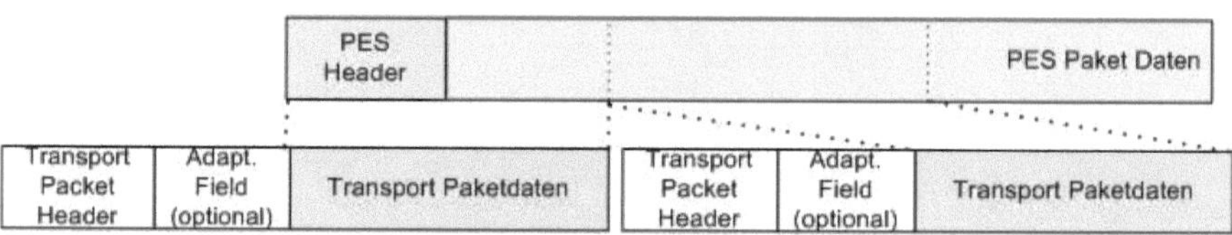

Abbildung 2: Einfügen eines PES-Paketes in einen Transportstrom

Die Länge des Transportstrompaketes ergibt sich zu 188 Byte (s. Abb. 2). Auf den *Transportstrom*-Header fallen 4 Byte. Damit bleibt eine Länge von 184 Byte für die Nutzinformation. Das *Adaption Field* ist optional und dient zur Erweiterung der Kon-trollbits im Header. Es muss nicht in jedem Paket mit gesendet werden. Die Häufig-keit des Auftretens des *Adaption Fields* in einem *Transportstrom* wird durch die Vor-gabe zur Versendung bestimmter Zeitmarken vorgeschrieben. Auf die Zeitmarken und der damit verbundenen Synchronisation wird Kapitel 2.1.3 bei der Erstellung ei-nes Multiplexes Bezug genommen.

Die Abb. 3 zeigt den Aufbau des *Transportstrom*-Headers im Detail.

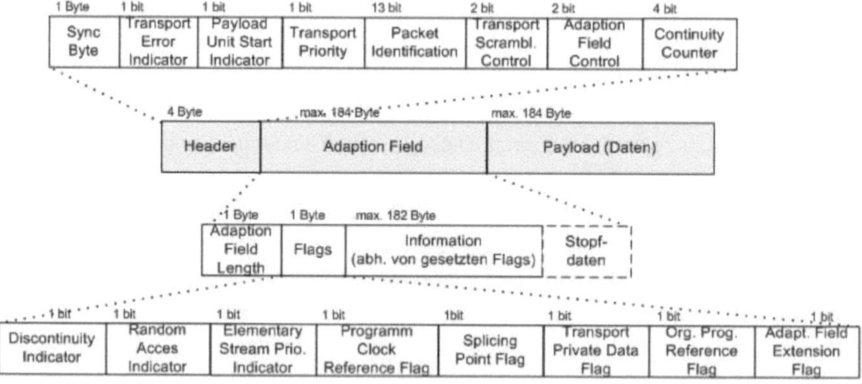

Abbildung 3: Transportstrom Header und Adaption Field

Einige der Felder des Transportstromes sollen im Folgenden erläutert werden. Das *Sync_Byte* beinhaltet eine Binärwertfolge, die gute Autokorrelationseigenschaften aufweist. Damit ist der Beginn jedes einzelnen Paketes innerhalb des Datenstromes gut zu detektieren. Der *Transport_Error_Indicator* weist auf einen nicht korrigierbaren Übertragungsfehler hin. Es kann von einem Fehlerkorrekturdecoder gesetzt werden. Jeder PES des gleichen Elementarstromes weist die gleiche *Packet_Identification* (PID) auf, daher ist diese Information für die Decodierung sehr wichtig. Der *Continuity_Counter* ist ein 4-bit-Zähler, der die Pakete derselben PID zählt, so können beim Empfänger eventuelle Paketverluste und die Richtigkeit der Reihenfolge der Pakete festgestellt werden.

Neben den Nutzinformationen werden programmspezifische Information sowie die Struktur des *Transportstromes* innerhalb des Nutzdatenfeldes gesendet. Diese Art der zusätzlichen Information wird *Program Specific Information* (PSI) genannt. Sie gibt an, aus wie vielen und welchen Elementarströmen ein Programm besteht und unter welchen PIDs ein Decoder beim Empfänger die einzelnen Pakete innerhalb des *Transportstromes* findet. Letzteres ist eine entscheidende Vorraussetzung für das Multiplexen von verschiedenen Bitströmen zu einem gemeinsamen *Transportstrom*.

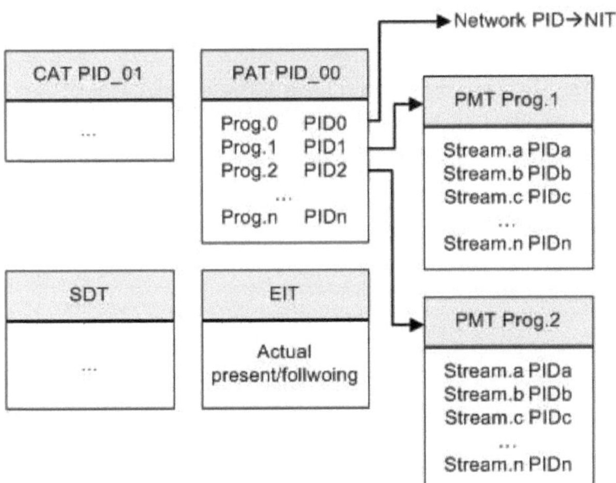

Abbildung 4: Struktur der Program Specific Information (PSI)

Die PSI wird in Form von Tabellen übertragen, die wiederum aus einzelnen Segmenten (*Sections*) bestehen. Prinzipiell werden vier verschiedene Tabellen für das

Grundgerüst eines *Transportstromes* unterschieden: die *Programm Assosiation Table* (PAT), die *Conditional Access Table* (CAT), die *Network Information Table* (NIT) und die *Conditional Access Table* (CAT). Diese Tabellen sind, wie in Abb. 4 zu sehen, zum Teil miteinander verknüpft. Die PAT ist die wichtigste Tabelle und steht in der Hierarchie ganz oben mit der vordefinierten PID 00. Sie enthält alle im *Transportstrom* enthaltenen Programme. Außerdem legt sie eine Zuordnung zwischen den PIDs und der PMT für jedes Programm fest. Die PMT enthält eine Liste mit sämtlichen Elementarströmen eines *Transportstromes* und deren zugehörige PID, die zu ihrem Programm gehören. Des Weiteren enthält sie Beschreibungselemente (*Discriptoren*), welche die Elementarströme charakterisieren. Neben den Elementarströmen und den *Discriptoren* findet man für jedes Programm unter einer eigenen PID auch die dazugehörige *Programm Clock Reference* (PCR), welche die gültige Zeitmarke für das Programm darstellt. In der NIT befinden sich Angaben zu Kenngrößen des Netzwerkes wie Kanalnummer, Kanalbandbreite und Frequenzband. Diese Tabelle hat immer die Programmnummer 0 innerhalb der PAT. Die CAT ist immer unter der PID 01 in den Nutzdaten zu finden und steht in der Hierarchie der PSI-Tabellen auf gleicher Stufe mit der PAT. Es sind Informationen, die der Entschlüsselung von Daten dienen, in ihr enthalten. [Riemann, Heft 9/1994]

Mit diesen Informationen kann ein Programm beim Empfänger wieder richtig decodiert und zusammengesetzt werden. Die *Digital Video Broadcast* (DVB) hat zur Übermittlung von Zusatzinformationen weitere Tabellen definiert. Diese Tabellen heißen *Service Information* (SI) – *Tables* und geben Dienstanbietern die Möglichkeit Programme und Services über ein großes Netzwerk aus Transportströmen zu verteilen. SI-Tabellen werden wie die PSI-Tabellen zu einem MPEG-2 *Transportstrom* optional hinzugefügt und haben somit auch jeweils, wie alle anderen Elemente eines *Transportstromes*, eine eigene PID. Einen Auszug aus den möglichen SI-Tabellen und deren Funktionen soll die folgende Tabelle 1 zeigen. [JDSU, o.J.]

Tabellenname	Funktion	Reservierte PID
Network Information Table (NIT)	Zeigt die physikalischen Aufbau des Netzwerkes und seine Charakteristik	0x0010
Time and Date Table (TDT)	Stellt die aktuelle UTC (Coordinated Universal Time) zur Verfügung	0x0014
Service Description Table (SDT)	Beschreibt den Service (das Programm) und enthält den Namen des Service Providers	0x0011
Event Information Table (EIT)	Enthält die Programminformationen mit Titel, Start- und Endzeit, ist Grundlage für den Electronic Program Guide (EPG)	0x0012

Tabelle 1: Auszug SI Tabellen

Im folgenden Kapitel 2.1.3 soll nun auf das Prinzip des Systemmultiplex eingegangen werden.

2.1.3 Multiplexbildung

Für die Erstellung eines Systemmultiplexes spielen die Zeitmarken eine große Rolle. Der Multiplex ist entwickelt worden, damit mehrere Bitströme miteinander verschachtelt werden können, da ein Fernsehprogramm üblicherweise aus mehreren Elementarströmen zusammengefasst wird. Eine Minimalkonfiguration wird mit Audio, Video und eventuell Videotext (alphanumerischen Zeichen / Daten) angenommen.

MPEG sieht mehrere Stufen der Multiplexbildung vor. Zunächst werden in einen *Transportstrom* alle zu einem Programm zugehörigen Elementarströme hinzugefügt. In einer späteren Stufe können aus so genannten *Single-Programm-Transportstreams* (SPTS) *Multi-Programm-Transporstreams* (MPTS) gebildet werden. Es ist aber auch möglich gleich einen MPTS, wie er in der Messumgebung vorkommt, mit einem Multiplexer zu bilden. Meist übernimmt heutzutage der Encoder schon die Aufgaben der ersten Multiplexstufe, in dem er alle zu einem *Transportstrom* gehörigen Daten zu einem SPTS zusammenfasst.

Durch das Verschachteln der Pakete allein wird jedoch noch kein gültiger *Transportstrom* erzeugt; es müssen noch die erforderlichen PSI-Tabellen hinzugefügt werden. Der Multiplexer kann die Tabellen selbst erzeugen, sofern ihm die Elemente eines

Programms bekannt sind. Er kann auch Tabellen, die er zusätzlich bekommt (z.B. die EIT), in den *Transportstrom* einfügen.

Bei jeder Multiplexbildung ist es weiterhin essentiell, auf die Zeitmarken der Elemente zu achten, damit eine synchrone Wiedergabe von Bild und Ton möglich wird. Wie bereits erwähnt, sind für jeden Elementarstrom schon bei der Verpackung in die PES-Pakete zwei Zeitmarken vorgesehen. Der DTS (*Decoding Time Stamp*) und der PTS (*Presentation Time Stamp*) werden also den Datenstrompaketen schon vor der Generierung eines Programm- oder *Transportstromes* aufgeprägt. Mit ihrer Hilfe wird die Startzeit für die Decodierung und die Startzeit für die Wiedergabe erkannt. Übergeordnet zu diesen beiden Zeitstempeln gibt es noch eine weitere Zeitmarke, die für die Rekonstruktion der System-Zeitbasis zuständig ist. Bei einem *Transportstrom* heißt sie *Programm Clock Reference* (PCR) und wird bei der Erstellung des Transportstromes vom Multiplexer hinzugefügt.
Unter realen Bedingungen wird der zeitliche Abstand zweier Zeitmarken für die Taktrückgewinnung zum Teil stark variieren. Dadurch entstehen so genannte Jitter bei der Rekonstruktion der Systemzeit. Diese müssen auf ein zulässiges Maß von 500 ns beschränkt werden. [Riemann, Heft 10/1994]

2.2 Modulation bei DVB-T (Leitungskodierung)

Für die Modulation eines DVB-T Datenstroms wird das Mehrträgerverfahren COFDM (Coded Orthogonal Frequency Division Multiplexing) zusammen mit einer 16-QAM (Quadrature Amplitude Modulation) verwendet.

Das wesentliche Prinzip des COFDM ist die Verteilung des Signals auf viele, dicht nebeneinander liegende Trägerfrequenzen. Das COFDM bedient sich der Tatsache, dass mehrere Sender im Umkreis des Empfängers stehen. Werden einzelne Träger gestört, kann durch ein Rechenverfahren im Empfangsgerät eine Fehlerkorrektur durchgeführt werden.
Da die Sender landesweit synchronisiert sind, und sich auf gleichen Sendefrequenzen in der Reichweite überlappen, nennt man dieses Netz Gleichwellenverfahren (SNF, Single Frequency Network). Durch die Überlappung der Sender kann mit Hilfe des COFDM und dessen Vorwärtsfehlerkorrektur eine verbesserte Qualität im Gegensatz zur analogen Übertragung, bei der solche Überlappungen zu Geisterbildern führen würden, gewonnen werden.

Insgesamt ist bei DVB-T ein robustes Signal von großer Bedeutung, da gerade beim mobilen Empfang die Störungen durch Abschattungen, Reflexionen usw. unvermeidbar sind. Die entstehenden Reflexionen können aber beim DVB-T für einen positiven Einfluss auf die Qualität des Datenstromes genutzt werden.

Beim COFDM werden zwei Varianten unterschieden:

- Der 2k Modus mit 2048 möglichen Trägern, von denen 1704 effektiv genutzt werden.
- Der 8k Modus mit 8192 möglichen Trägern, von denen 6817 effektiv genutzt werden.

Da der 2k Modus keine so große Überdeckung hat (17 km Radius um den Sender, bei 8k sind es 67-34 km), ist er für mobile Anwendungen besser geeignet. Er erlaubt Geschwindigkeiten des bewegten Empfängers bis zu 300 km/h, wobei der 8k Modus nur Geschwindigkeiten von 92-112 km/h erlaubt. [Zota, 2004; DVB-T: Das Überallfernsehen, 2004]

Zu dem Mehrträgerverfahren kommt nun eine Kodierung nach der 16-QAM hinzu, bei der pro Träger jeweils vier unterschiedliche Amplituden- und Phasenwerte genutzt werden, um insgesamt 16 Symbole (also 4 Bit) zu erzeugen. Es ist also eine Kombination aus Phasen- und Amplitudenverschiebung.

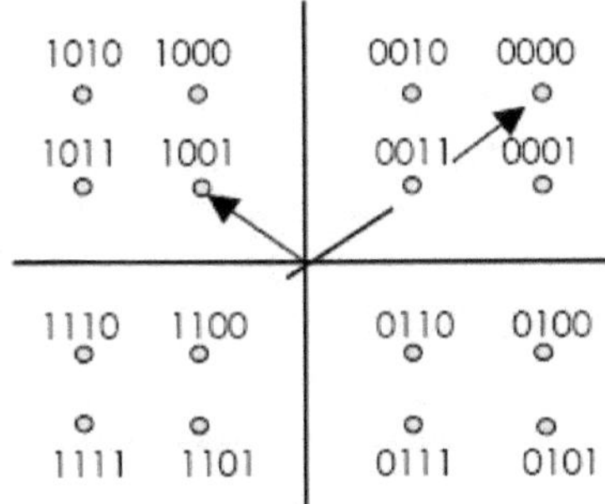

Abbildung 5: Konstellationsdiagramm 16-QAM
(DVB-T: Das Überallfernsehen, 2004, S. 40)

Nachdem die Technik ausführlich erläutert wurde, zeigen die nächsten Kapitel die Inbetriebnahme des Empfängers und der Messsoftware sowie die Analyse.

3 Inbetriebnahme DVB-T Empfänger und Messsoftware

Die genaue Beschreibung der Messumgebung erfolgt im Kapitel 4.1, hier sollen nur die Softwareinstallationen beschrieben werden.

3.1 Installation PCI-Karte

Bei der Installation der PCI-Karte kam es zunächst zu keinen Problemen, was den Treiber und die Funktion betrifft. Die mitgelieferte Software „WinTV200 V1.3" zu der Karte, mit der das Fernsehprogramm empfangen werden sollte, lieferte kein Bild. Der Sendersuchlauf der Software funktionierte einwandfrei und alle drei verfügbaren Bouquets wurden empfangen. Bei der Anzeige des Programms war dann aber nur der Ton zu hören.

Da an dem PC ein TFT-Bildschirm angeschlossen war, wurde zunächst ein Röhren-bildschirm angeschlossen, da die Vermutung bestand, dass der TFT mit nur 60 Hz eine zu kleine Wiederholfrequenz bot. Jedoch brachte auch das keine Besserung.

Nach studieren der Betriebsanleitung und einiger Seiten im Internet, wurde DirectX 9c installiert, um die DirectDraw Funktionalität zu gewährleisten. Diese wurde mit einem Testprogramm (c:/windows/system32/dxdiag.exe) verifiziert und brachte aber ein positives Testergebnis. DirectDraw stand also zur Verfügung.

Daraufhin wurde die gelieferte Software deinstalliert und die freie Software „Sceneo" installiert. Hierfür war ein BDA (Broadcast Driver Architecture) – Update von Win-dows XP erforderlich. Dieses Update verlangte wiederum das SP2, was ebenfalls installiert wurde. Nach allen neuen Installationen lieferte „Sceneo" die Fehler-meldung: „TV-Karte konnte nicht initialisiert werden." Danach wurden alle weiteren Versuche mit der „Sceneo"-Software eingestellt.

Als nächstes wurden die aktuellen Treiber und die WinTV-Software in der Version 4.7 von der Hauppauge-Internetseite heruntergeladen und installiert. Die neue WinTV-Software ließ keinen Sendersuchlauf zu. Der Button zum Suchen war grau hinterlegt und konnte nicht betätigt werden.

Als letzten Versuch wurde wieder die alte Software von der CD installiert und der neue Treiber beibehalten. Nun ließ sich diese Software nicht mal mehr starten und lieferte die Fehlermeldung „Initialisation Error!" Dieses Problem wurde zunächst einmal übergangen, da die Treiber richtig im Geräte-Manager von Windows installiert waren.

In dem vorgegebenen ct-Artikel von 2005 [Linow, 2005] stand, dass mit dem TSReader und dem VLC-Player gemeinsam das Fernsehbild angezeigt werden kann. Daher wurden als nächstes die beiden Software Tools, die für die Analyse ausgewählt wurden, installiert und mit Hilfe des VLC-Players versucht, ein Bild zu bekommen.

3.2 Installation Software

Die Installation des TSReaders war sehr leicht, und die erste Bedienung war nicht allzu schwierig und beinahe selbsterklärend. Gleich nach dem Start der Software, muss die Quelle des Signals ausgewählt werden. Hier kann man die Karte anhand der Beschreibung auf der rechten Seite gut finden. Die Software fragt dann nach der Frequenz und weiteren Parametern auf die sie tunen soll. Dann wird der Datenstrom sofort analysiert und wie unten in Abb. 6 angezeigt.

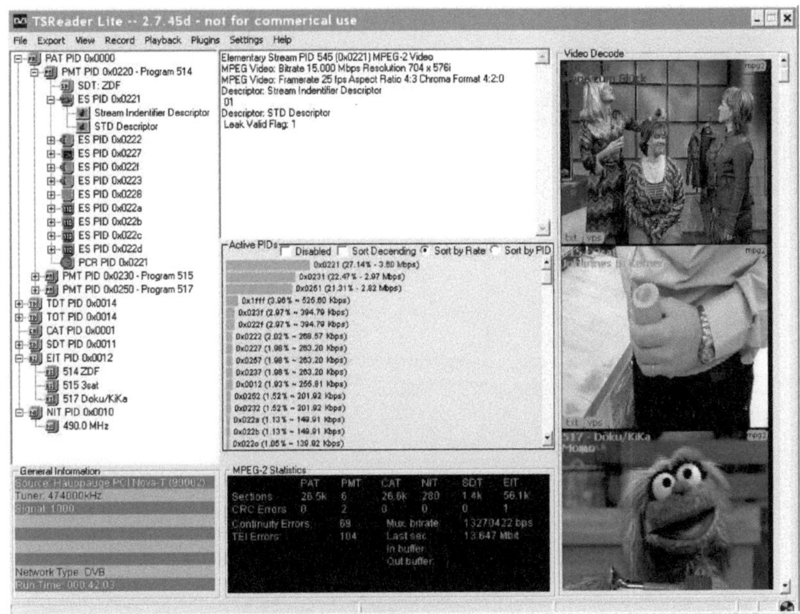

Abbildung 6: Screenshot TSReader (ZDF Bouquet)

Den VLC-Player kann man kostenlos aus dem Internet downloaden. Er muss nach der Installation über das TSReader-Menü Playback → VLC → Settings... in den

TSReader mit Hilfe der Pfadangabe für die VLC.exe eingebunden werden. Wird nun auf eines der Bilder am rechten Rand geklickt, wird der VLC-Player geöffnet und spielt das Fernsehprogramm ab. Gibt es mehrere Audio-Spuren (z.B. Arte), so kann man zwischen diesen sogar wechseln. Die Wiedergabe ist vom TSReaderLite auf eine Minute beschränkt.

Die Installation des DVBStreamExplorers war ebenfalls problemlos, doch war hier der erste Start schwierig. Bevor die Software startet, muss ein Treiber aus einer sehr viel kleineren Liste als beim TSReader ausgewählt werden. Die Treiber, die mit Hauppauge oder Nova-T bezeichnet sind, funktionieren nicht. Die Software muss mit dem BDA-Treiber gestartet werden, dann bietet sie die volle Funktionalität. Dazu ist es außerdem erforderlich nach der Treiberwahl noch den Tuner, das Capture und den Netzwerktyp aus einer Liste auszuwählen. Beim Tuner gibt es nur den installierten Hauppauge Nova-T Tuner, beim Capture neben dem Hauppauge Nova-T auch noch den BDA Slip De-Framer und den BDA MPE-Filter. Für den Netzwerktyp kann zwischen DVB-S, DVB-C und DVB-T gewählt werden. Beim Tuner und beim Capture wird die Auswahl mit der Hauppauge-Angabe und beim Netzwerktyp DVB-T gewählt. Danach startet die Software, analysiert aber noch nicht. Die folgende Abb. 7 zeigt die Software direkt nach dem Start.

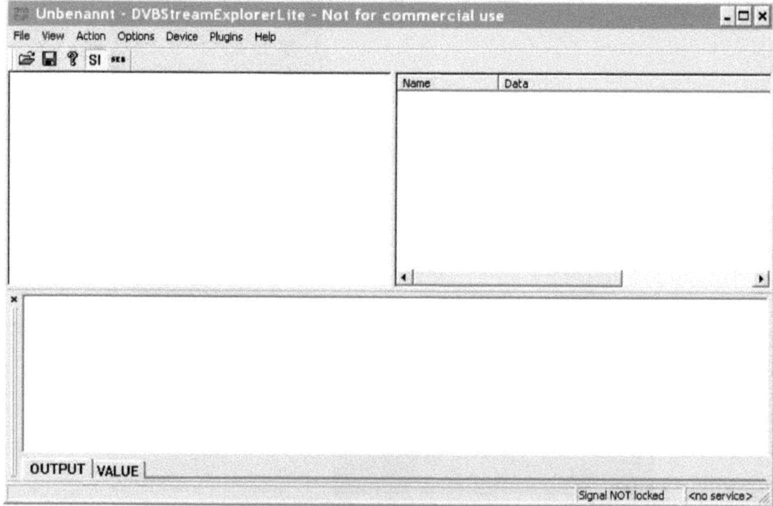

Abbildung 7: Screenshot DVBStreamExplorer

Damit die Software auf die richtige Frequenz getunet ist, muss im Menü Device →
Tuning... ausgewählt werden. Hier muss nun die Frequenz und die Bandbreite eines
Kanals eingegeben werden. In dem Menü Plug-Ins zeigen sich dann die Analyse-
Möglichkeiten.

4 Analyse des DVB-T Datenstroms

Für die Protokollanalyse bei DVB-T in diesem Projekt werden die Schicht 2 und 3
untersucht. Die Messungen der Signale lassen sich mit Hilfe der oben erläuterten
Software-Tools durchführen. Sie bieten verschiedene Funktionen, um die empfangenen Signale zu untersuchen.
Nachdem die Messumgebung im folgenden Kapitel 4.1 erläutert wird, sollen die beiden Tools nacheinander gleich mit den Messergebnissen in einem weiteren Kapitel
4.2 vorgestellt werden.

4.1 Struktur der Messumgebung

In der Messumgebung kommt die Hauppauge WinTV Nova-T PCI-Karte in einem
Celeron 1,7 GHz PC mit 256 MB RAM und einem onboard Graphik-Chip zum Ein-
satz. Die Version des Treibers der PCI-Karte ist 2.105.23074.0.
Für die Analyse werden der TSReaderLite V2.7.45d und der DVBSteamExplorer V3
Build 60 genutzt. Beide Software-Tools wurden in dem c't Artikel von Linow vorgestellt. Nach der erfolgreichen Installation der Komponenten, kann mit den Messungen
begonnen werden.
Bei DVB-T wird das Frequenzkanalraster des analogen Fernsehens verwendet und
somit stehen pro Kanal 7 bzw. 8 MHz zur Verfügung. Durch die Kompression der
Programme kann hier aber in einem Kanal ein so genanntes Bouquet von Programmen (in der Regel 4) übertragen werden. Dafür wird das in Kapitel 2.1.3 erläuterte
Multiplexen benötigt. Dieser Multiplexdatenstrom soll mit den Software-Analysern
untersucht werden.

In Flensburg können mit einer Zimmerantenne vom Senderstandort FL die folgenden
Bouquets mit den angegebenen Parametern in Tabelle 2 empfangen werden:

Multiplexe / Programme	Kanal	Frequenz	Polarisation	Sender-leistung
ARD: DasErste, arte, Phoenix, EinsExtra	K47	682 MHz	V	50 kW
ZDF: ZDF, KiKa / ZDFdoku, 3 sat, MHP-Datendienst	K21	474 MHz	V	20 kW
NDR_SH: NDR SH, WDR/NDR NDS, MDR/NDR MVP, BR/NDR HH	K39	618 MHz	V	50 kW

Tabelle 2: Bouquets mit Parametern [DVB-T: Das Überallfernsehen, 2006]

Der typische Aufbau eines Multiplexdatenstromes ist in der folgenden Abbildung 8 dargestellt. Für ein besseres Verständnis, sind hier nur zwei Programme mit den zugehörigen Tabellen abgebildet. In einem DVB-T Datenstrom gibt es immer vier Programme.

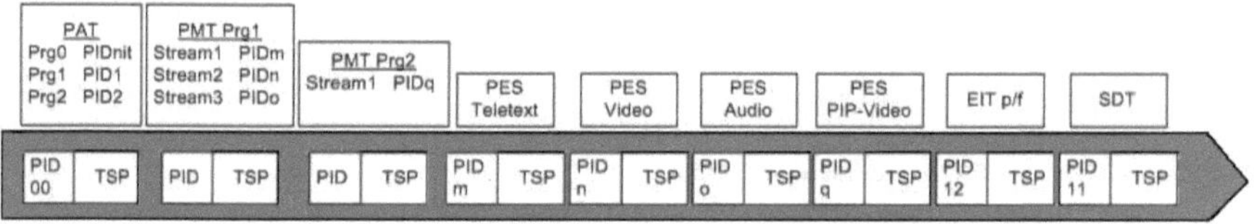

Abbildung 8: Aufbau Multiprogramm Transportstrom mit 2 Programmen

Neben den Audio- und Videoinhalten der verschiedenen Programme werden weitere Zusatzinformationen, wie sie in Kapitel 2.1.2 erläutert wurden, mit übertragen.

4.2 Untersuchungen mit der Software

Nachdem die Technik, die Software und die Messumgebung erläutert wurde, kann mit den Messungen begonnen werden. Zunächst soll hier der TSReader zum Einsatz kommen. Darauf folgt die Untersuchung mit dem DVBStreamExplorer. Abschließend wird die Analyse zur Dynamik der Bandbreiten innerhalb des Transportstromes durchgeführt.

4.2.1 TSReader

Der TSReader bietet verschiedene Analysemöglichkeiten, die alle auf unterschiedliche Art und Weise den Inhalt des Transportstromes darstellen. Auf dem Hauptbildschirm (s. Abb. 6) kann bereits viel abgelesen werden. Ganz links wird der gesamte Transportstrom in einer Baumstruktur angezeigt. Klickt man auf einen bestimmten

Teil des Baumes, werden Detailinformationen in einem kleinen Fenster oben in der Mitte angezeigt. Unter der Baumstruktur befinden sich generelle Informationen über die Quelle, den Tuner, die Laufzeit und Ähnliches. Die Verteilung der aktiven PIDs mit Prozent- und Bandbreitenangabe erscheint unter den Detailinformationen für den Transportstrom in der Mitte. Wiederum hierunter befindet sich ein Fenster, in dem einige statistische Werte für den MPEG-2 Transportstrom ausgegeben werden. Ganz rechts werden Standbilder von allen Videodatenströmen abgebildet. Wenn man diese doppelt anklickt, öffnet sich der VLC-Player und spielt den Datenstrom, wie oben erläutert, ab.

Dies sind nicht alle Funktionen, die der TSReader bietet. Unter View → Active PIDs by rate lassen sich alle PIDs noch einmal geordnet nach der Datenrate anzeigen (Abb. 9). Jedoch bietet diese Funktion auch schon die kleine Anzeige in der Mitte des Hauptbildschirms. Die PIDs sind hier Hexadezimal angezeigt.

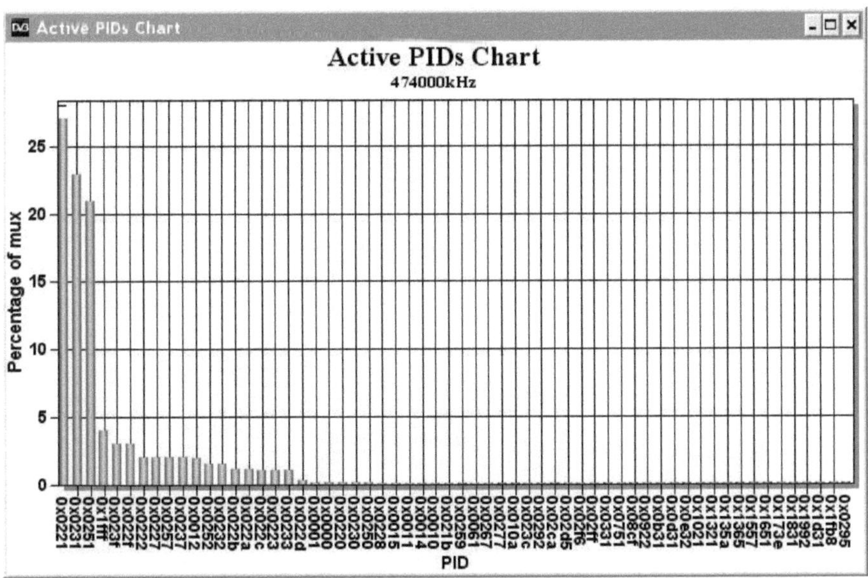

Abbildung 9: Aktive PIDs nach Bandbreite in Prozent angeordnet

Unter View → Chart → ... kann man zwischen verschiedenen Diagrammen wählen, die den Transportstrom auf unterschiedliche Weise darstellen. Zwei davon sind in den folgenden Abbildungen (10, 11) dargestellt.

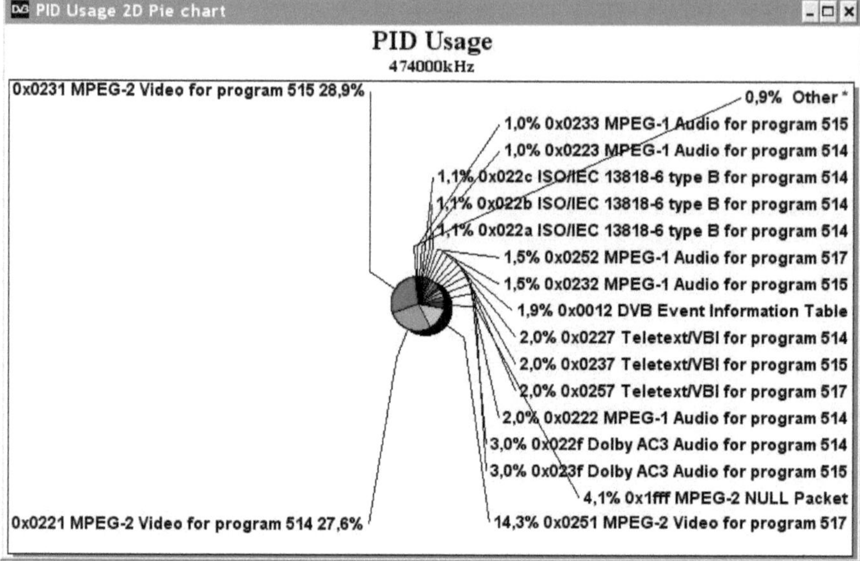

Abbildung 10: PID 2D Diagramm

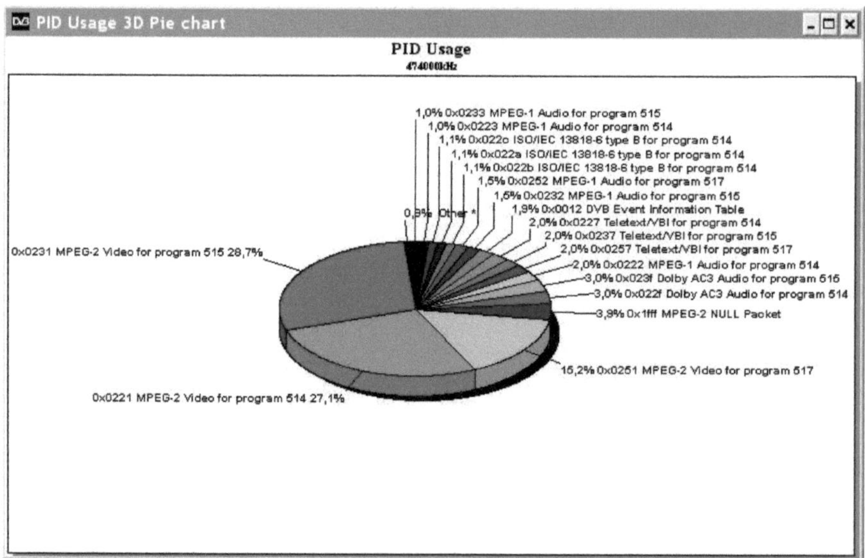

Abbildung 11: PID 3D Diagramm

In diesen beiden Diagrammen wird die Verteilung der Bandbreite auf die einzelnen Anteile des Transportstromes in Prozent angegeben. Man kann deutlich erkennen, dass die drei Videostörme am meisten Bandbreite verbrauchen. Dabei entspricht das Programm 514 dem ZDF und bekommt zusammen mit dem Programm 515 (3sat) am meisten Bandbreite. Vernachlässigt wird hierbei das KiKa-Programm 517. Das nächst größere sind die MPEG-2 Null-Packets, die benötigt werden, um die Transportströme auf die geforderten 188 Byte aufzufüllen. Darauf folgen die AC3 Audio Ströme für die Kanäle ZDF und 3sat.

Eine weitere Möglichkeit den Transportstrom zu untersuchen, bietet eine andere Darstellungsart, die in den nächsten beiden Abbildungen (12, 13) gezeigt wird. Hier wird die Verteilung der Bandbreite über die Zeit aufgetragen. Abbildung 12 zeigt die Videobandbreitenverteilung.

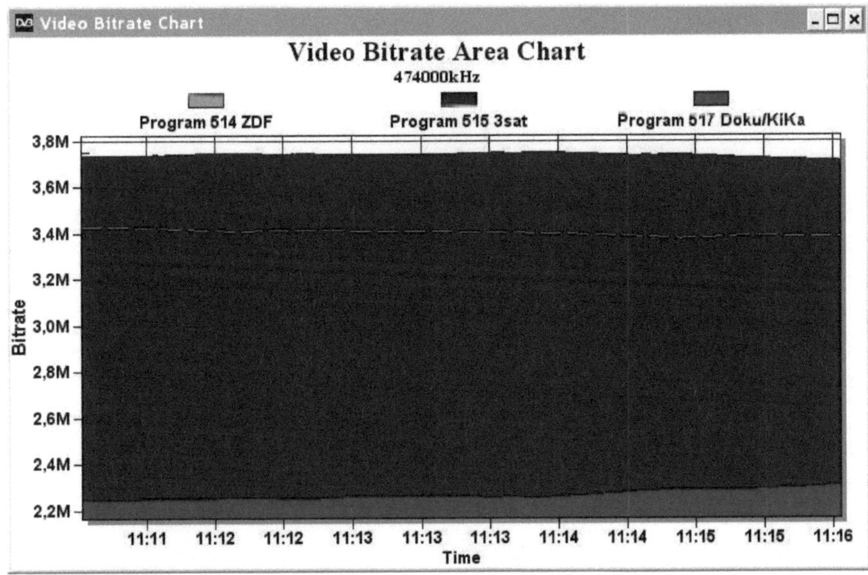

Abbildung 12: Video Bitrate über die Zeit

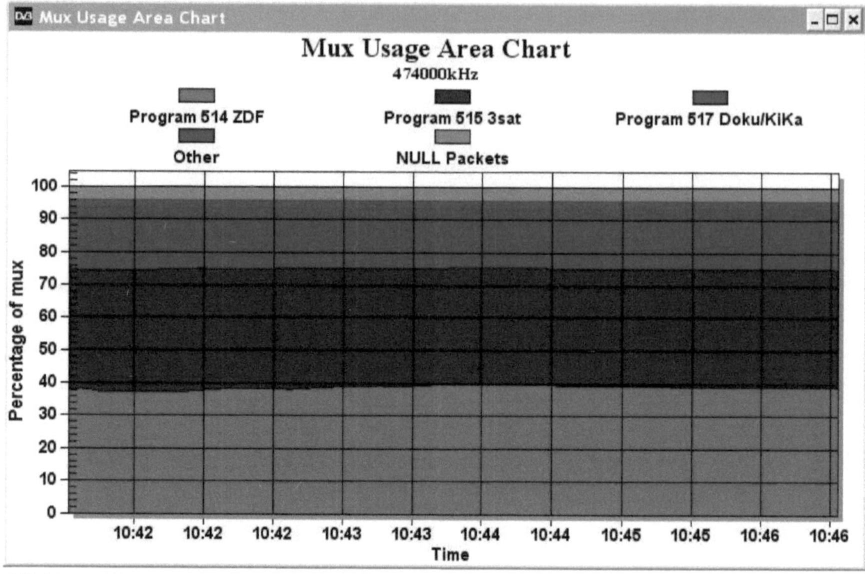

Abbildung 13: Verteilung der Bandbreite über die Zeit

Die Abbildung 13 zeigt die Verteilung alle Anteile im Transportstrom über der Zeit. Es finden hierbei kaum Veränderungen statt. Es lässt sich aber erkennen, dass kleine dynamische Veränderungen um 10:42 Uhr passiert sind. Später soll noch genauer untersucht werden, ob diese Veränderungen mit einem bestimmten Ereignis, wie z.B. einer Werbeeinblendung oder dem Wechsel von einer Sendung zur nächsten, zusammenhängen.

Es ist ebenfalls möglich sich eine Programmanzeige mit Titel, Uhrzeit sowie weiteren Informationen zur Sendung aus den Electronic Programm Guide (EPG) - Daten des Transportstromes generieren zu lassen (View → EPG Grid…).

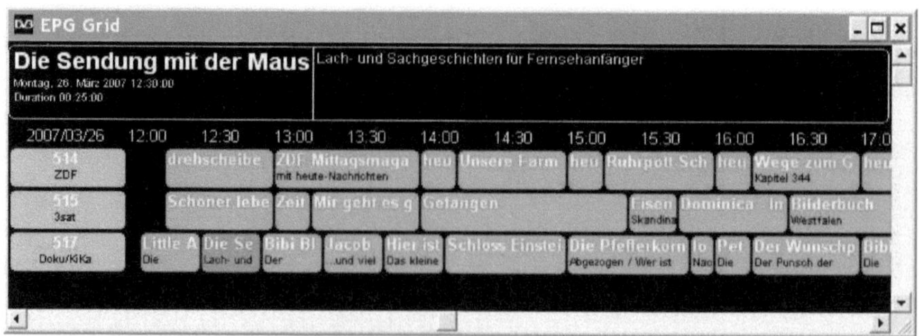

Abbildung 14: EPG - Electronic Program Guide

4.2.2 DVBStreamExplorer

Der DVBStreamExplorer bietet nicht so viele Möglichkeiten zur Analyse des Trans-portstromes. Wie oben beschrieben, müssen zunächst unter Device → Settings die notwendigen Einstellungen zur Karte und zum Tuning gemacht werden. Danach kann unter Device → Tuning die Frequenz des Senders eingestellt werden. Es muss also erneut getunet werden, damit ein Programm empfangen wird. Erst wenn unten bei Signal Sength und Quality die Balken wie in Abbildung 15 weit ausschlagen, ist die Software fertig für die Analyse.

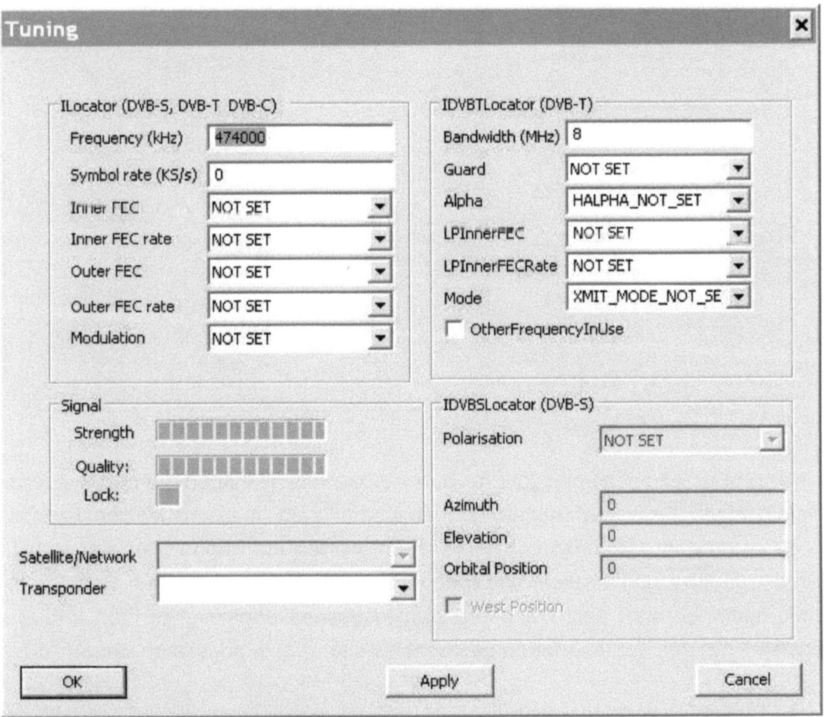

Abbildung 15: DVBStreamExplorer Tuning

Als erstes interessiert eine Auflistung des Inhaltes des Transportstromes, um zu überprüfen, ob alle Inhalte, die erwartet werden, auch vorhanden sind. Unter PlugIns → PID Scanner kann dann ein Fenster aufgerufen werden, in dem nach betätigen des Start-Buttons, eine Übersicht erstellt wird. In Abbildung 16 ist dieses Fenster ab-gebildet, das einen ähnlichen Aufbau wie das Hauptfenster des TSReaders hat.

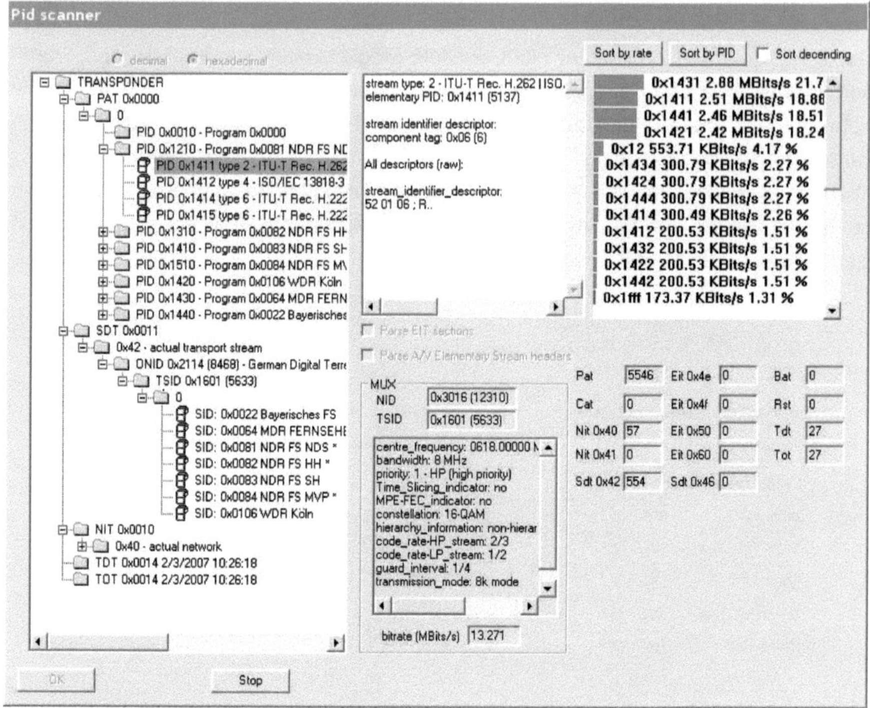

Abbildung 16: PID Scanner

Auch hier gibt es eine Baumansicht für den Aufbau des Transportstromes, bei dem für die einzelnen Teile des Baumes Detailinformationen in einem kleinen Fenster rechts daneben angezeigt werden. Angrenzend werden die Bandbreiten der einzelnen Anteile in Bit/s und Prozent angegeben. Des Weiteren gibt es ein Fenster, in dem Informationen über den Transportstrom insgesamt angezeigt werden und die wichtigsten PIDs des Transportstromes können weiter rechts abgelesen werden.

Unter dem Menüpunkt PlugIns gibt es noch zwei weitere interessante Punkte, die in den Abbildungen 17 und 18 dargestellt sind. Mit dem Teletext Scanner kann der aktuelle Transportstrom nach Teletext Daten durchsucht werden. In einem Fenster weiter unten werden sie angezeigt und können durchblättert werden. So können auch hier die aktuellen Programminformationen abgelesen werden. Sie sind beim TSReader allerdings anschaulicher und aus einer anderen Quelle dargestellt. Je nachdem, welcher Sender untersucht wird, sind die Teletext Daten oder die EPG

Daten aktueller. Das liegt im ermessen des Senders, welche Daten, wie gepflegt werden.

Der MUX list Manager scannt den Empfangsbereich nach allen Transportströmen, die empfangen werden können. Diese werden dann angezeigt und Details wie Fehlerrate, Bandbreite und Übertragungsmodus können abgelesen werden. Diese Funktion eignet sich gut, um die Frequenzen und Empfangsmöglichkeiten des Bereiches, in dem man sich befindet, herauszufinden. Es ist jedoch schwierig diese Funktion nach dem Start der Software zu finden.

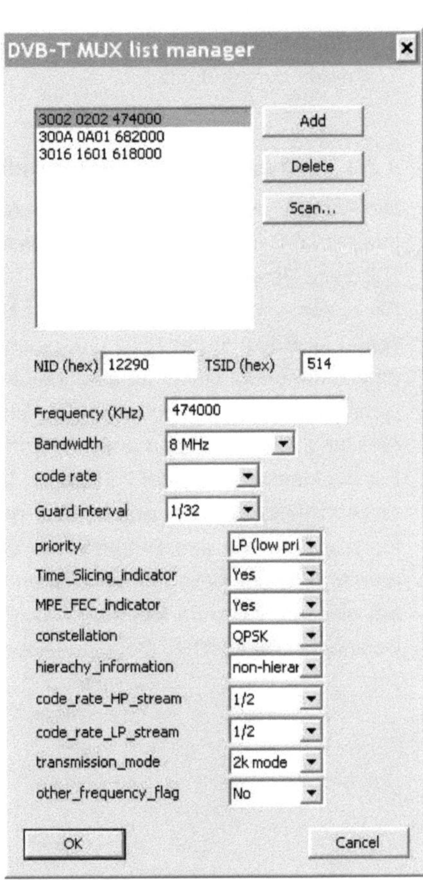

Abbildung 17: Anzeige Teletext

Abbildung 18: Anzeige der empfangenen Multiplexe

Insgesamt ist für eine Analyse eines Transportstromes der TSReader leichter zu handhaben. Schon der Hauptbildschirm bietet viel mehr Informationen und ist einfacher zu verstehen. Weitere Möglichkeiten zur Analyse sind schnell gefunden, da schon der Titel im Menü erklärt, um welche Funktion es sich handelt. Der Umgang mit der Software erschließt sich intuitiv.

Die Analyse mit dem DVBStreamExplorer war träge und es hat lange gedauert, bis sich die einzelnen Funktionen offenbarten. Sie sind nicht so umfangreich und dabei nicht selbsterklärend. Jedes Mal musste ich lange suchen, damit ich die Funktion der einzelnen Analysen herausgefunden hatte.

Die abschließende Untersuchung der dynamischen Bandbreiten innerhalb eines Transportstromes, von denen in der Literatur gesprochen wird, wird deshalb mit dem TSReader durchgeführt.

4.2.3 Analyse dynamischer Bandbreiten

Die Analyse der dynamischen Bandbreiten wird in der Literatur als besondere Funktion der DVB-T Übertragung angepriesen. In wieweit diese Dynamik ausgenutzt wird, soll diese Untersuchung zeigen.

Als erstes wird die Veränderung der Bandbreite vor, während und nach der Tagesschau im Bouquet der ARD untersucht. Am meisten Bandbreite nehmen die Videodatenströme ein. Daher ist es dabei am einfachsten und eindeutigsten zu erkennen, wenn Veränderungen auftreten. Die Videodatenströme sollen während der gesamten Messung beobachtet und dokumentiert werden.

Für die Messung wird der TSReader 10 Minuten vor Beginn der Tagesschau gestartet (Abbildung 19). Hier ist eine eher geringe Bandbreite von 1,84 MBit/s für die ARD festzustellen. Auf den Programmen des Bouquets läuft ein unterschiedliches Programm. Phoenix bekommt im Moment für die Sendung „Endstation Unabhängigkeit" am meisten Video-Bandbreite im Datenstrom. Die Bandbreite für ARD steigt nach Beginn der Tagesschau stetig an (Abbildung 20).

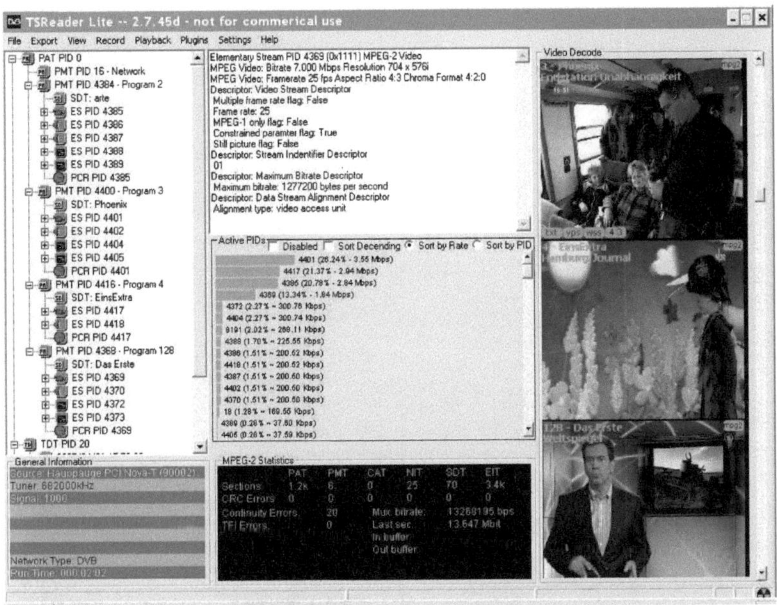

Abbildung 19: 10 Minuten vor 20:00 Uhr

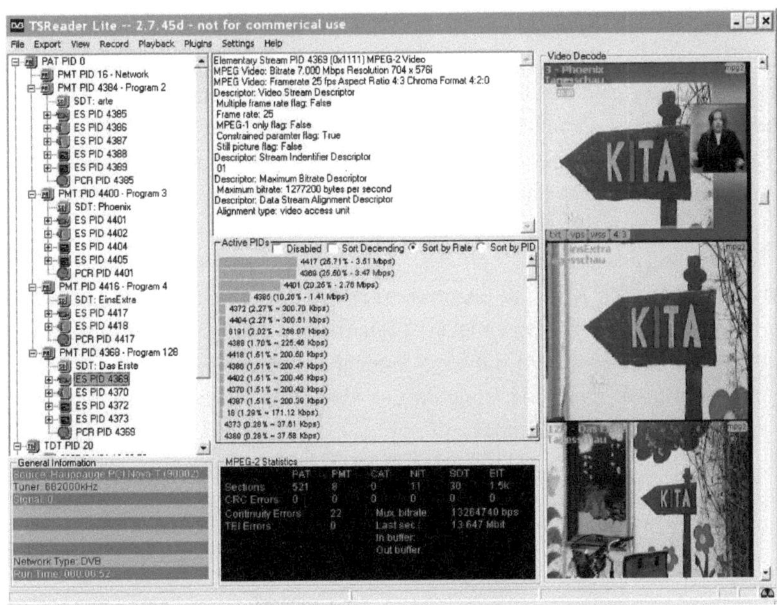

Abbildung 20: 5 Minuten nach 20:00 Uhr

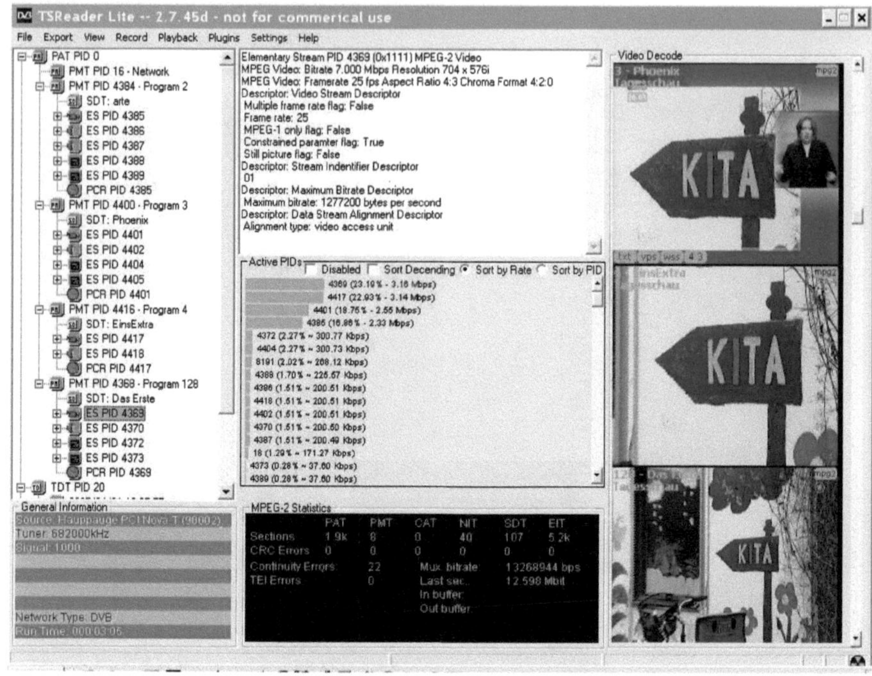

Abbildung 21: 7 Minuten nach 20:00 Uhr

Sieben Minuten nach Beginn der Sendung ist die Video-Bandbreite für die ARD am größten und Eins Extra bekommt fast die gleiche Video-Bandbreite für die Übertragung der Tagesschau. Auf Phoenix wird ebenfalls die Tagesschau übertragen; bekommt dort aber eine geringere Bandbreite für die Videoströme.

Nach der Tagesschau werden auf den drei Programmen wieder unterschiedliche Sendungen übertragen. Die ARD hat jetzt nur noch eine Bandbreite von 2,72 MBit/s für die Übertragung des „Tatort". Davor ist liegt Phoenix mit einer Dokumentation und davor an der Spitze liegt EinsExtra mit dem „Bericht aus Berlin". Nach dieser Messung lässt sich vermuten, dass das Bouquet der ARD dem Nachrichten-Programm jeweils am meisten Bandbreite zuordnet.

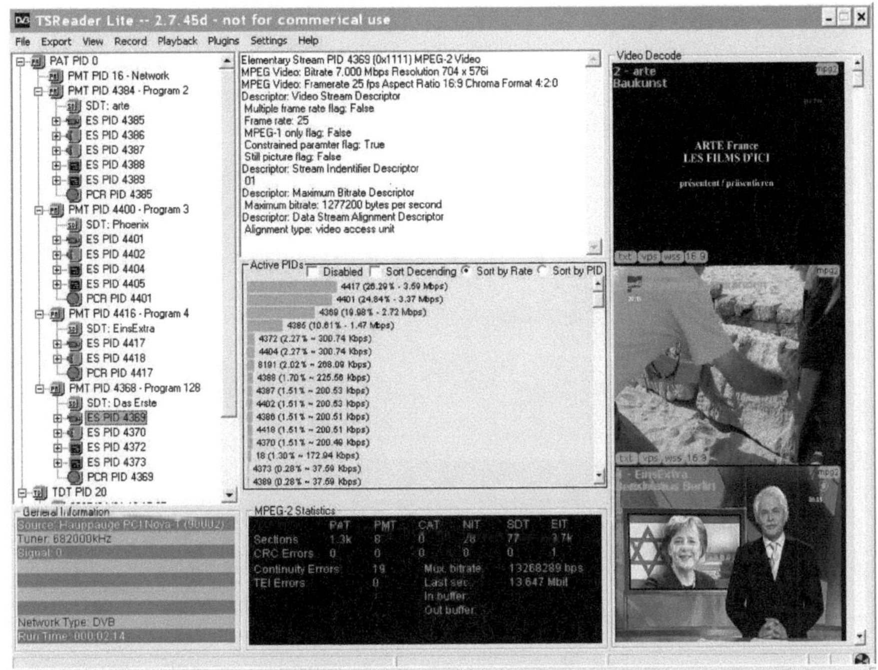

Abbildung 22: 18 Minuten nach 20:00 Uhr

Als zweites soll das NDR Bouquet bei der Übertragung des Regionalprogrammes untersucht werden. Das Bouquet besteht aus den Programmen Bayerisches Fernsehen, MDR, NDR (NDS, HH, SH, MVP) und WDR. Den ganzen Tag werden für die NDR-Programme 4 Transportströme übertragen, die alle auf das gleiche Video zugreifen. So können die anderen drei den Tag über mit übertragen werden. Von 19:30 Uhr bis 20:00 Uhr überträgt der NDR für die 4 Bundesländer im Norden ein Regionalnachrichtenprogramm.

Für die Untersuchung wird um 19:20 Uhr der TSReader gestartet. Abbildung 23 zeigt den TSReader mit den vier oben genannten Programmen ohne Regionalprogramm.

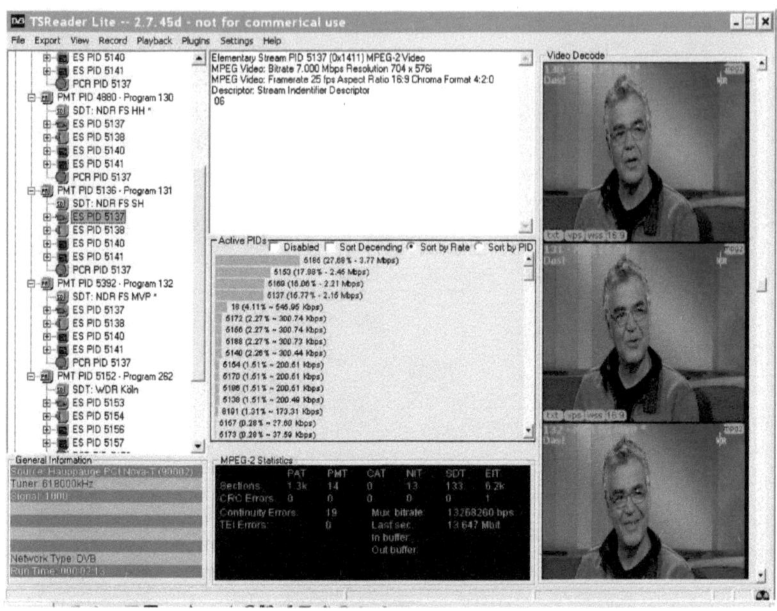

Abbildung 23: 20 Minuten nach 19:00 Uhr

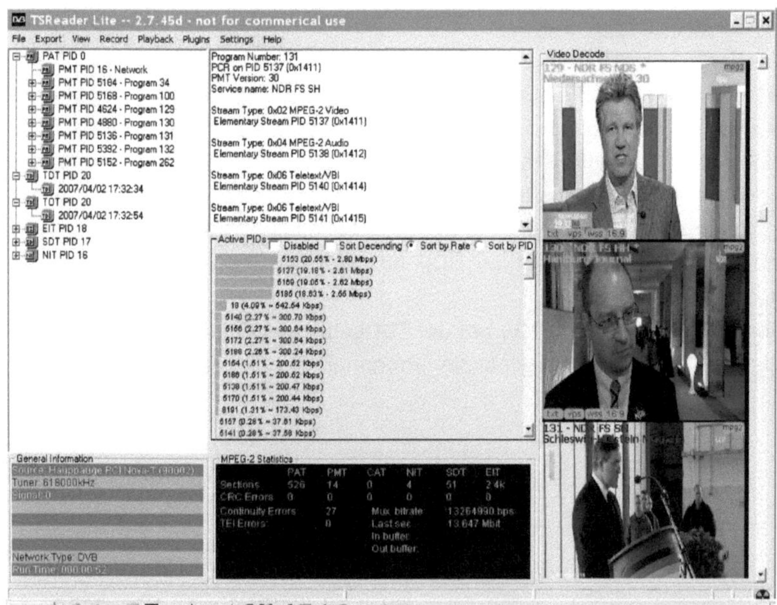

Abbildung 24: 33 Minuten nach 19:00

Um 19:33 sieht das Bouquet ganz anders aus (Abbildung 24). Zu diesem Zeitpunkt werden für die vier norddeutschen Bundesländer die Regionalprogramme ausgestrahlt. Dabei haben alle vier Video-Datenströme ungefähr die gleiche (2,55 – 2,8 MBit/s) Bandbreite. Die Kapazität wird auf alle vier gleich verteilt. Die Transportströme für das Bayrische Fernsehen, MDR und WDR werden weiterhin ausgestrahlt, erhalten jedoch die Video-Datenströme von HH, MVP und NDS. So werden die Regionalprogramme für die drei Länder im DVB-T auch auf dem Bayerischen Fernsehen, dem MDR und dem WDR gesendet.

5 Fazit

Ob die DVB-T Technik von der breiten Bevölkerung angenommen wird und ob die Anschlüsse steigen werden, wird die Zukunft zeigen. Um die Akzeptanz zu erhöhen, ist es wichtig, dass der Ausbau schnell weiter fortschreitet. In die entstehenden Lücken treten sonst schnell der digitale Satellitenempfang oder das neue, digitalisierte Netz von Kabel Deutschland. Auch IPTV (Internet Protokoll Television) wird mit Hilfe immer breitbandigeren DSL-Anschlüssen in diese Marktlücke drängen.

Die Protokollanalyse im DVB-T war in Hinsicht auf die dynamische Verteilung sehr aufschlussreich. Tatsächlich wird die Bandbreite auf die verschiedenen Sendungen dynamisch verteilt, je nachdem, welche Sendung gerade läuft. Es war interessant zu beobachten, wie die verschiedenen Sender die Bandbreite aufteilen und welche Schwerpunkte gesetzt werden.
Mit der Software TSReader lässt sich gut arbeiten und ist daher absolut zu empfehlen. Die DVBStreamExplorer Software ist hingegen nicht gut für eine Protokollanalyse geeignet, da sie sehr umständlich in der Bedienung ist. Außerdem ist die Darstellung der Daten nicht sehr übersichtlich und anschaulich.
Die Software der DVB-T PCI-Karte ist anscheinend sehr anfällig gegen kleinste Abweichungen von der Empfehlung in der Hardware-Konfiguration des Computers. Da ich sie nie im Betrieb gesehen habe, kann ich keine abschließende Bewertung abgeben. Ich würde aber eher eine andere Software für den normalen Fernsehbetrieb empfehlen, da die mitgelieferte nicht sehr stabil zu sein scheint.

6 Quellen

Bäumer, Klaus, Dipl. Ing.: Digitales terrestrisches Fernsehen (DVB-T). In: EMVU und
Technik, Ausgabe 4/2004

Bundesministerium für Wirtschaft und Arbeit: Digitaler Hörfunk und digitales Fernsehen in
Deutschland. Sachstandsbericht des BWMA. September 2005

DVB-T: Das Überallfernsehen: Handbuch DVB-T Norddeutschland. Hamburg: 10.10.2004

DVB-T: Das Überallfernsehen: Empfangsgebiete, Region Kiel-Flensburg, Stand: 31.10.2006
unter: http://www.dvb-t-nord.de/empfangsgebiete/hamburg_schleswigholstein.html
zuletzt angesehen: 24.03.2007

ISO/IEC 13818-1 (MPEG-2): Information Technology – Generic Coding of moving pictures
and associated audio information – Part 1: Systems. ITU-T and ISO/IEC JTC: April 1996

JDSU (Hrsg.): MPEG-2 Pocket Guide. o. Ort: o. Jahr

Linow, Oliver: DVB unter der Lupe. In: c't 2005, Heft 9, S. 206-211

NTV Knowledge: Fernsehen
unter: http://www.ntv.de/index.php?servType=dsplDoc&docId=4.3.5&subDocId=-1
zuletzt angesehen: 24.03.2007

Riemann, Dr. Uwe: Der MPEG-2 Standard, Generische Codierung für Bewegtbilder und zu-
gehöriger Audio-Information, Multiplex-Spezifikation für die flexible Übertragung digitaler
Datenströme (Teil 5_1). In: Fernseh- und Kinotechnik, Jg. 48, Heft 9/1994, Seiten 460-468

Riemann, Dr. Uwe: Der MPEG-2 Standard, Generische Codierung für Bewegtbilder und zu-
gehöriger Audio-Information, Multiplex-Spezifikation für die flexible Übertragung digitaler
Datenströme (Teil 5_2). In: Fernseh- und Kinotechnik, Jg. 48, Heft 10/1994, Seiten 460-468

Zota, Dr. Volker: DVB-Technik. Terrestrisches Digital Video Broadcasting im Detail. In: c't
2004, Heft 11, S. 118-120